JN290995

科学のアルバム

ヤマネのくらし

西村　豊

あかね書房

もくじ

協力●湊 秋作
イラスト●神山博光
渡辺洋二
林 四郎
装丁●画工舎

科学のアルバム

ヤマネのくらし

西村　豊（にしむら　ゆたか）

一九四九年、京都市に生まれる。

少年時代に訪《おとず》れた信州《しんしゅう》の自然《しぜん》のすばらしさに感動し、そのときから信州に住むことを心にきめる。

一九七二年から五年半、信州の山小屋で働きながら、ホンドギツネやヤマネなどの生態《せいたい》を調べ、自然とのつきあいを深める。

一九七七年、自然写真家として独立《どくりつ》。図鑑《ずかん》、自然雑誌《ざっし》、広告《こうこく》などに作品を発表している。

著書《ちょしょ》に「新信濃《しなの》写真風土記　本土狐《ほんどぎつね》」（信濃教育会出版部）、「ヤマネ森に遊ぶ」（講談社）、「冬のおくりもの」（光村推古書院）など多数がある。

日本写真家協会会員。

国《くに》の天然記念物《てんねんきねんぶつ》ヤマネは、小《ちい》さなけもので、冬《ふゆ》のあいだは、ボールのようにまるくなって、ねむりつづけます。

●かれ草《くさ》やコケをしきつめた巣《す》の中《なか》で、冬眠《とうみん》するヤマネ。まんまるくなったときは、ゴルフのボールよりすこし大《おお》きいくらいです。

←ヤマネのすむ森《もり》の近《ちか》くの高原《こうげん》は，雪《ゆき》どけの季節《きせつ》をむかえ，５か月《げつ》ぶりに大《だい》地《ち》が顔《かお》を見《み》せました。動《うご》きだした小川《おがわ》の水面《すいめん》で，春《はる》の光《ひかり》がキラキラと飛《と》びはねます。

↑ピッチョン…，ピッチョン…。雪《ゆき》どけ水《みず》のかすかなリズムが，だんだんはやくなってくると，春《はる》はすぐそこまできています。

春《はる》のおとずれ

ここは本州《ほんしゅう》の中央部《ちゅうおうぶ》、二千《せん》メートルをこえる火山《かざん》がつらなる、八ヶ岳中信高原《やつがたけちゅうしんこうげん》国定公園《こくていこうえん》です。

三月《がつ》下《げ》旬《じゅん》、長《なが》い冬《ふゆ》のあいだ、雪《ゆき》や氷《こおり》にとざされていた山《やま》やまをふきぬける風《かぜ》にも、ほんのりとぬくもりが感《かん》じられます。耳《みみ》をすますと、どこかで雪《ゆき》どけ水《みず》がかなでる、かすかな音《おと》がきこえてきます。

やがて何日《なんにち》かすると、小川《おがわ》をせきとめていた氷《こおり》のかべがくずれ、雪《ゆき》どけ水《みず》が、一気《いっき》にかけだします。そして、ヤマネのすむ森《もり》にもせせらぎがよみがえり、春《はる》のおとずれをつげるのです。

➡せせらぎのほとりで，大《だい》地《ち》のぬくもりをいちはやく感《かん》じとったザゼンソウが，花《はな》をひらきました。

⬅ヤマネと同《おな》じ森《もり》にすむホンドリスは，冬眠《とうみん》をしません。きびしい冬《ふゆ》のあいだ，木《き》の芽《め》など，わずかな食《た》べ物《もの》でうえをしのいできました。

5月《がつ》下《げ》旬《じゅん》，レンゲツツジの上《うえ》でさえずるノビタキ(めす)。南方《なんぽう》からわたってくる夏鳥《なつどり》です。ヤマネのすむ森《もり》のまわりにひろがる草原《そうげん》でひなを育《そだ》てます。

5月《がつ》上旬《じょうじゅん》，草原《そうげん》で，日光浴《にっこうよく》をするホンドギツネの子《こ》どもたちを見《み》かけました。キツネは冬眠《とうみん》もしないで冬《ふゆ》をこし，めす親《おや》は，2月《がつ》下旬《げじゅん》ごろ，土《つち》の巣《す》あなの中《なか》で子《こ》をうみます。

冬眠《とうみん》からめざめるヤマネ

四月《がつ》中旬《ちゅうじゅん》～五月《がつ》上旬《じょうじゅん》、一日《にち》の平均《へいきん》気温《きおん》がセ氏《し》八～十度《ど》になり、日《ひ》かげにのこっていた雪《ゆき》もほとんどきえました。そろそろ、ヤマネが冬眠《とうみん》からさめるころです。

ヤマネは夜《よる》、活動《かつどう》する動物《どうぶつ》です。ある日《ひ》の夕方《ゆうがた》、以前《いぜん》から観察《かんさつ》をつづけているヤマネの巣《す》を見《み》にいくことにしました。

ヤマネの巣《す》の前《まえ》でまつこと約《やく》一時間《じかん》。思《おも》いきって、巣《す》の入《い》り口《ぐち》に耳《みみ》をあててみました。中《なか》で何《なに》かが動《うご》く音《おと》がきこえます。

それから約《やく》二十分後《ぷんご》、入《い》り口《ぐち》からつぶらなひとみのヤマネが、ひょっこり顔《かお》をだしました。半年《はんとし》ぶりの再会《さいかい》です。

↑木《き》のうろにつくった巣《す》の入《い》り口《ぐち》から，めざめたばかりのヤマネが顔《かお》をだしました。冬《ふゆ》のあいだ，からだにたくわえていた栄養分《えいようぶん》をつかいはたして，おなかがすいたのでしょう。食事《しょくじ》にでかけるようです。

結婚《けっこん》と赤《あか》ちゃんの誕生《たんじょう》

冬眠《とうみん》からさめたヤマネは、毎《まい》ばん、せっせとでかけては、若《わか》芽《め》などを食《た》べ、冬《ふゆ》のあいだうしなった体力《たいりょく》をとりもどします。

やがて数週間《すうしゅうかん》ほどたつと、ヤマネたちは恋《こい》の季節《きせつ》をむかえ、そして結婚《けっこん》します。

野外《やがい》での結婚《けっこん》のようすは、まだくわしく観察《かんさつ》されていませんが、おすとめすは、いっしょにくらすことはないようです。

カッコウやウグイスのさえずる六月中旬《がつちゅうじゅん》、めすのヤマネは、

⬆生後《せいご》15日目《にちめ》くらいのヤマネ。まだ，まわりの警《けい》かいもできないのに，この日《ひ》もよちよちと巣《す》の外《そと》へでてきて，郵便《ゆうびん》はがき半分《はんぶん》くらいの面積《めんせき》を散歩《さんぽ》しました。

➡巣《す》からいきなりでてきたヤマネのめすが，まわりのことなどほとんど気《き》にもせず，歩《ある》きまわって巣材《すざい》を集《あつ》めていました。口《くち》にくわえられるだけくわえ，何度《なんど》も巣《す》に運《はこ》びました。このめすは，背中《せなか》にめずらしい白《しろ》いもようがありました。

⬇右《みぎ》，生後《せいご》８〜10日目《かめ》くらいのヤマネの赤《あか》ちゃん。巣《す》の中《なか》でごそごそ動《うご》くようになり，毛《け》もだいぶ生《は》えそろって，背中《せなか》の黒《くろ》いすじがめだちます。左《ひだり》，生後《せいご》15日目《にちめ》くらい。このころになると，目《め》がひらきます。

いそがしくなります。もうすぐ、赤《あか》ちゃんがうまれるからです。

ヤマネはお産《さん》のとき、巣《す》の中《なか》にコケや木《き》の皮《かわ》、かれ葉《は》などをたくさんつめこみ、赤《あか》ちゃんをあたたかくつつみこむベッドをつくります。その材料《ざいりょう》集《あつ》めにいそがしいのです。

結婚《けっこん》から約《やく》一か月《げつ》、母親《ははおや》ヤマネは、三〜五ひきの赤《あか》ちゃんをうみます。体重《たいじゅう》はわずか二グラム。うまれたてのヤマネは赤《あか》はだかですが、背中《せなか》には、黒《くろ》いすじがうっすら見《み》えています。

この巣《す》では、ヤマネの子《こ》どもたちが、巣《す》のすぐそばで、レスリングをして遊《あそ》んでいました。

遊《あそ》んで学《まな》ぶ

うまれて二十日《はつか》くらいたつと、ヤマネの子《こ》どもたちは、自分勝手《じぶんかって》に巣《す》からでて、さかんに遊《あそ》びはじめます。

そばでは、母親《ははおや》ヤマネが心配《しんぱい》そうに警《けい》かいしていますが、子《こ》どもたちはそんなことにはおかまいなしです。

おいかけたりかみついたり、ときにはなぜてみたり、それは見《み》ていて、とても楽《たの》しそうです。

じつは、この遊《あそ》びの中《なか》か

ら、生《い》きていくために必要《ひつよう》なことを自然《しぜん》と身《み》につけていくのです。

遊《あそ》びには夢中《むちゅう》になりますが、歩《ある》いたり走《はし》ったりすることは、まだ一人《いちにん》まえではありません。ときどきつめをコケなどにひっかけて、ころぶこともあります。

警《けい》かい心《しん》のまだうすい子《こ》どもたちですが、母親《ははおや》がいなくなったり、危険《きけん》がせまると、キーキー悲鳴《ひめい》をあげて、助《たす》けをもとめます。

➡母親《ははおや》ヤマネが、夜《よる》の森《もり》で休《やす》んでいたノシメトンボをつかまえてもちかえりました。でも、子《こ》どもたちは遊《あそ》びに夢中《むちゅう》です。

⬅しばらくして、おなかをすかした子《こ》どもたちは、トンボを食《た》べはじめました。羽《はね》をのこして、からだだけ食《た》べてしまいました。

たくさん食《た》べて、どんどん大《おお》きく

ヤマネの子《こ》どもは、うまれて三週《しゅう》間《かん》前《ぜん》後《ご》で乳《ち》ばなれします。母親《ははおや》ヤマネは、こんどは子《こ》どもたちの食《た》べ物《もの》をとってくるのにいそがしくなります。

子《こ》どもたちの食《た》べ物《もの》は、母親《ははおや》がもちかえる昆虫《こんちゅう》などです。このころ、ヤマネのすむ森《もり》では、たくさんの昆虫《こんちゅう》たちが活動《かつどう》しています。

ヤマネの子《こ》どもたちは、母親《ははおや》のあたえてくれる昆虫《こんちゅう》を食《た》べながら、それらが自分《じぶん》たちの生《い》きるためのたいせつなえものであることを知《し》ります。

←親《おや》子《こ》でピクニックにでかけるヤマネ。子《こ》どもたちは楽《たの》しそうですが、母親《ははおや》は、子《こ》どもたちの安全《あんぜん》に、とても気《き》をつかっています。このように勉強《べんきょう》しながら、ヤマネの子《こ》は、うまれて一か月《げつ》ほどすれば、自分《じぶん》でえものをとれるようになります。

●ヤマネの敵《てき》

ピクニックで勉強《べんきょう》

今夜《こんや》は、子《こ》どものヤマネたちが、母親《ははおや》につれられて、ピクニックにでかけました。

ピクニックは、ただの遊《あそ》びではありません。食《た》べ物《もの》をさがしたり、敵《てき》から身《み》をまもるための警《けい》かい心《しん》をやしなったり、野生動物《やせいどうぶつ》として生《い》きていくための、たいせつな勉強《べんきょう》なのです。

⬆ノアザミの蜜《みつ》をすうウラギンヒョウモン。夏《なつ》の高原《こうげん》でよく見《み》られるチョウです。

➡7月下旬《がつげじゅん》，草原《そうげん》はニッコウキスゲで一面《いちめん》にうまります。

子《こ》わかれの季節《きせつ》

七月上旬《がつじょうじゅん》、この山《やま》の緑《みどり》がみずみずしく、いちばん美《うつく》しく見《み》える季節《きせつ》です。

野鳥《やちょう》たちがさえずり、草原《そうげん》では緑《みどり》のじゅうたんのあいだから、色《いろ》とりどりの花《はな》が顔《かお》をのぞかせます。

ところで、ヤマネの子《こ》どもたちは、このころまでに、母親《ははおや》から生《い》きていくためのさまざまな知恵《ちえ》を学《まな》びます。そして、多《おお》くの野生動物《やせいどうぶつ》がそうであるように、ヤマネの子《こ》どもたちも、やがて母親《ははおや》のもとをはなれていかなければなりません。

でも、どのように子《こ》わかれをするのか、まだ、くわしくは観察《かんさつ》されていません。

↑ヤマネのすむ森《もり》の中《なか》は，木《き》ぎの葉《は》がおいしげり，うすぐらくなります。森《もり》の天井《てんじょう》を見《み》あげると，夏《なつ》の太陽《たいよう》の光《ひかり》にすけた葉《は》が，まるで緑《みどり》のステンドグラスのように見《み》えます。

←昼《ひる》の森《もり》で休《やす》むフクロウを見《み》かけました。このフクロウは，この春《はる》巣立《すだ》ったばかりの幼鳥《ようちょう》です。フクロウもヤマネと同《おな》じ夜行性《やこうせい》で，羽音《はおと》をたてずに飛《と》べるつばさと，わずかな光《ひかり》で見《み》える目《め》で，えものをおそいます。ヤマネにとっては，とてもおそろしい敵《てき》です。

⬆この夕《ゆう》やけを一日《にち》のおわりとするものもいれば，はじまりとするものもいます。

夏《なつ》の夕《ゆう》ぐれに

赤《あか》くもえるような夕《ゆう》やけがおわると、夏《なつ》の一日《にち》がしずかにくれていきます。でも、それで森《もり》の一日《にち》がおわるわけではありません。

昼間《ひるま》、太陽《たいよう》の光《ひかり》のもとで活動《かつどう》していたものたちは、ねぐらに帰《かえ》ってねむりにつきます。それとは反《はん》対《たい》に、夜《よる》になってから活動《かつどう》をはじめるものものもいます。ヤマネ、タヌキ、ノウサギ、フクロウ……。

ヤマネのすむ森《もり》や、その周辺《しゅうへん》の草原《そうげん》には、さまざまな動物《どうぶつ》たちがすみついています。あるものは肉《にく》

くらやみの中《なか》で，子《こ》ダヌキとであいました。そばに母親《ははおや》がつれそっていたせいか，まだ警《けい》かい心《しん》がうすいようです。雑食性《ざっしょくせい》の動物《どうぶつ》です。

くらやみの中《なか》でみつけたノウサギの子《こ》ども。この初夏《しょか》にうまれましたが，もうひとりだちしてくらしています。草食性《そうしょくせい》の動物《どうぶつ》です。

食《しょく》で、またあるものは草食《そうしょく》です。からだの大《おお》きさがちがえば、動《うご》きまわれるはんいもちがいます。

それぞれの動物《どうぶつ》は、自分《じぶん》にもっともふさわしい時間帯《じかんたい》に活動《かつどう》し、すきな食《た》べ物《もの》をさがして、かぎられた森《もり》や草原《そうげん》を、たくみに利用《りよう》しあっているのです。

夜露《よつゆ》にぬれたノアザミの花《はな》。夜露《よつゆ》は，昼間《ひるま》の強《つよ》い日《ひ》ざしでかわいた大地《だいち》に，しめりけをあたえてくれます。

➡巣《す》あなの入《い》り口《ぐち》付近《ふきん》で、しばらく外《そと》のようすをうかがうヤマネ。

めざめの時《じ》刻《こく》

森《もり》にひんやりとした風《かぜ》が、ゆっくりと流《なが》れはじめる午後《ごご》七時《じ》ごろ、ヤマネが活動《かつどう》をはじめました。

この日《ひ》みつけた巣《す》あなでは、ヤマネはまだねむいのか、それともまわりを警《けい》かいしているのか、しばらく入《い》り口《ぐち》付近《ふきん》にとどまって、でてきませんでした。

やがて、でてきたヤマネは、一ぴきだけでした。そばには、もう子《こ》どもたちの姿《すがた》はありません。子《こ》どもたちをおくりだした母親《ははおや》ヤマネのようです。

⬅ようやく巣《す》あなからでてきたヤマネが、食《た》べ物《もの》さがしにでかけます。ふつう、ヤマネは木《き》の上《うえ》を身軽《みがる》に移動《いどう》しますが、ときには地面《じめん》や小《ちい》さな流《なが》れをこえて移動《いどう》します。

➡ハチの幼虫《ようちゅう》を食《た》べるヤマネ。ヤマネは、うしろ足《あし》で枝《えだ》にぶらさがったまま、前足《まえあし》をつかって親《おや》バチをはたきおとしました。

⬅ヤマネは、食事《しょくじ》以外《いがい》にも夜露《よつゆ》などをなめて、水分《すいぶん》をおぎなっています。

ヤマネは森《もり》の小《ちい》さなかりゅうど

細《ほそ》い木《き》の枝《えだ》を器用《きよう》に、すばやくつたい歩《ある》き、ヤマネがみつけたのはアシナガバチの巣《す》でした。そばでは、親《おや》バチが五～六ぴき、しっかりと巣《す》をまもっています。

ヤマネは、五分《ふん》ほどようすをうかがっていましたが、きゅうに巣《す》におそいかかり、あっというまに、前足《まえあし》で親《おや》バチをはたきおとしてしまいました。そして、巣《す》の中《なか》の幼《よう》虫《ちゅう》やさなぎを食《た》べました。ヤマネのその姿《すがた》は、まるで小《ちい》さなかりゅうどのようでした。

←ヤマネは、食《た》べ物《もの》をさがすために、枝《えだ》から枝《えだ》へすばやくつたい歩《ある》き、ときにはジャンプして移動《いどう》することもあります。でも、一日《にち》の活動中《かつどうちゅう》に何回《なんかい》かは、このように木《き》にぶらさがって、ゆっくり毛《け》づくろいしたり、じっと休《やす》むことがあります。長《なが》いときは、一時間《じかん》も二時間《じかん》も、ぶらさがったままじっとしています。

↑東《ひがし》の空《そら》が赤《あか》くもえてきました。まもなく日《ひ》の出《で》です。明《あ》けの明星《みょうじょう》（金星《きんせい》，左上《ひだりうえ》）が，わずかに夜《よる》のなごりをのこしています。

夜《よ》が明《あ》けて巣《す》へもどってきたヤマネ。一直線《いっちょくせん》に巣《す》あなにかけこみました。

一日《にち》の活動《かつどう》をおわって

東《ひがし》の空《そら》が白《しら》んできました。夜空《よぞら》の星《ほし》が一つ、また一つきえていきます。

ヤマネをはじめ、夜行性動物《やこうせいどうぶつ》たちが、そろそろねぐらへ帰《かえ》る時刻《じこく》です。

ヤマネは、食事《しょくじ》をして満腹《まんぷく》になると、すぐに巣《す》へ帰《かえ》ることもあれば、とちゅうで、葉《は》っぱなどをひっぱって遊《あそ》んでいるようなこともあります。でも、ほとんどは、夜《よ》が明《あ》ける前《まえ》に巣《す》へ帰《かえ》ってきます。

この日《ひ》の朝《あさ》、帰《かえ》ってきたヤマネは、あまりまわりを気《き》にすることもなく、さっさと巣《す》の中《なか》へはいりました。

→冷《ひ》えこんだある秋《あき》の朝《あさ》，クモの巣《す》に朝露《あさつゆ》がガラス細工《ざいく》のように光《ひか》ります。クモは，のこりすくなくなった昆虫《こんちゅう》をとらえて栄《えい》養《よう》をとり，たまごをうんでやがて死《し》んでいきます。

深《ふか》まりゆく秋《あき》

十月上旬《がつじょうじゅん》、朝夕《あさゆう》の気温《きおん》がぐんとさがり、草木《くさき》の葉《は》が赤《あか》や黄色《きいろ》にそまります。錦《にしき》のじゅうたんのような紅葉《こうよう》は、山《やま》から里《さと》へ、かけ足《あし》でくだっていき、すぐそこまで、冬《ふゆ》がやってきていることを、山《やま》の住人《じゅうにん》たちに知《し》らせます。

このころ、ヤマネは長《なが》い冬眠《とうみん》にそなえて、山《やま》の幸《さち》をたくさん食《た》べ、脂肪《しぼう》にしてからだにたくわえます。

また、夏《なつ》とちがい、まだ日《ひ》の高《たか》いころから食事《しょくじ》にでかけることもあります。夜《よる》は気温《きおん》がさがって寒《さむ》すぎるので、活《かつ》動《どう》しにくいのかもしれません。

↑森《もり》の草木《くさき》は，春《はる》から夏《なつ》にかけて緑《みどり》の葉《は》をしげらせ，そこにすむ生《い》き物《もの》たちにさまざまなめぐみをあたえてきました。紅葉《こうよう》は，草木《くさき》の長《なが》い冬《ふゆ》を前《まえ》にしての，最後《さいご》の衣装《いしょう》がえの姿《すがた》です。

←季節《きせつ》のうつりかわりは，昆虫《こんちゅう》たちも感《かん》じとっています。このカメムシは，ヤマイモの葉《は》の上《うえ》で日光浴《にっこうよく》です。カメムシは成虫《せいちゅう》が，寒《さむ》さをしのげる場所《ばしょ》により集《あつ》まって，冬《ふゆ》をこします。

↑秋《あき》，山里《やまざと》のカラマツ林《ばやし》で，あたたかい日中《にっちゅう》に活動《かつどう》するヤマネの姿《すがた》をみつけました。この日《ひ》は，午後《ごご》３時《じ》ごろからカラマツの木《き》にのぼっていました。カラマツはやがて黄葉《こうよう》して葉《は》をおとします。

←秋《あき》の日《ひ》はすぐかたむきます。うすぐらいカラマツ林《ばやし》にななめの光《ひかり》がさしこみ，木《き》にのぼっていたヤマネのひげや毛《け》がキラキラかがやきました。

↑前歯《まえば》を見《み》せたヤマネ。ヤマネは，リスやネズミに近《ちか》いなかまですが，その歯《は》は，あまりかたいものを食《た》べるのにはむいていません。

←チョウセンゴミシの実《み》を食《た》べるヤマネ。やわらかくてあまいので，ヤマネのすきな食《た》べ物《もの》です。

森《もり》のめぐみをたくみに利用《りよう》

冬《ふゆ》が近《ちか》づくと、多《おお》くの動物《どうぶつ》たちは、冬《ふゆ》ごしのために、せっせと食《た》べます。森《もり》の自然《しぜん》は、動物《どうぶつ》たちのために、さまざまな食《た》べ物《もの》を用意《ようい》してくれます。

ヤマネは、夏《なつ》のあいだは、おもに昆虫《こんちゅう》をとらえて食《た》べていましたが、このころになると、木《き》の実《み》を食《た》べるようになります。とくに、あまくてやわらかい木《き》の実《み》がすきなようです。

このようにヤマネは雑食性《ざっしょくせい》で、動物質《どうぶつしつ》や植物質《しょくぶつしつ》などのさまざまなものを食《た》べて、森《もり》のめぐみをうまく利用《りよう》しているのです。

↑アケビの実《み》を食《た》べるヤマネ。前足《まえあし》を器用《きよう》につかって，中《なか》のたねを食《た》べました。あまい果肉《かにく》の部分《ぶぶん》も食《た》べますが，冬眠前《とうみんまえ》には，たねをこのんで食《た》べます。アケビの実《み》を食《た》べるときは，皮《かわ》の中《なか》にすっぽりとはいり，身《み》をかくしながら食《た》べることもあります。

←食事《しょくじ》のあとの毛《け》づくろい。前足《まえあし》で頭《あたま》や顔《かお》をなでたり，ひげや尾《お》をなめたり，じっくりと時間《じかん》をかけて毛《け》づくろいをします。

➡まるまるふとったヤマネが，木《き》にのぼろうとしています。なんとなく，おしりが重《おも》そうに見《み》えます。

⬅そろりそろり，木《き》からおりるヤマネ。夏《なつ》にくらべると，動作《どうさ》もにぶく感《かん》じられます。

まるまるふとったヤマネ

冬眠《とうみん》を前《まえ》にして、ヤマネはおどろくほどよく食《た》べます。

ヤマネの夏《なつ》の体重《たいじゅう》は、二十五グラムくらいです。冬眠直前《とうみんちょくぜん》の体重《たいじゅう》は、四十グラムにもなることがありますから、わずかのあいだに、一・五倍《ばい》以上《いじょう》の重《おも》さになるわけです。

そのため、からだの形《かたち》もまるまるしてきて、顔《かお》が小《ちい》さくうずもれて見《み》えるほどです。

こんなにふとってしまったヤマネは、夏《なつ》のように、身軽《みがる》に木《き》の上《うえ》を走《はし》りまわるわけにはいかないようです。

↑ある日《ひ》，とつぜんふきだした木《こ》がらしに，木《き》ぎは色《いろ》あせた衣装《いしょう》をぬぎすてて，やがて深《ふか》い冬《ふゆ》のねむりにつきます。

落《お》ち葉《ば》にうもれる初冬《しょとう》の森《もり》。ときどきふきぬける風《かぜ》の音《おと》がきこえるだけです。

木《こ》がらしふきぬける初冬《しょとう》の森《もり》

ヤマネをはじめ、多《おお》くの生《い》き物《もの》たちをやしない育《そだ》ててきた森《もり》の木《き》ぎ。その葉《は》が木《こ》がらしにまいちって大地《だいち》につもり、やがて土《つち》にもどっていきます。

森《もり》の中《なか》のさまざまな生《い》き物《もの》たちのにぎわいも、いつしかきこえなくなってしまいました。

カエルやヘビ、トカゲ、コウモリ、そしてヤマネやクマなどは、長《なが》い冬眠《とうみん》にはいります。冬《とう》眠《みん》しない動物《どうぶつ》も、厚《あつ》い毛皮《けがわ》を身《み》にまとい、冬《ふゆ》にそなえます。

いてついた冬《ふゆ》の夜空《よぞら》に，ゆっくりと時《とき》をきざみながらオリオン座《ざ》がのぼってきました。

冬眠《とうみん》をはじめたヤマネ

ヤマネは、平均気温《へいきんきおん》がセ氏《し》十度以《どい》下《か》になると動《うご》きがにぶくなり、やがて冬眠《とうみん》をはじめます。

冬眠《とうみん》するときは、一つの巣《す》に一ぴきのこともありますが、何《なん》びきもいっしょのこともあります。それまで一ぴきずつ行動《こうどう》していたヤマネが、まるでしめしあわせたように、同《おな》じ巣《す》にやってくるのはふしぎです。

⬆１つの巣《す》の中《なか》で，２ひきのヤマネがまるくなって冬眠《とうみん》していました。これらのヤマネは親兄弟《おやきょうだい》なのか，見知《みし》らぬ者《もの》どうしなのかはわかりません。このように，いっしょにねむる方《ほう》が寒《さむ》さもふせげるようです。

➡日中《にっちゅう》も氷点下《ひょうてんか》。冷《つめ》たい霧《きり》がとおりすぎたあと、霧氷《むひょう》にかざられた木《き》ぎが、こわれやすいガラス細工《さいく》のようにかがやきます。

⬅雪《ゆき》におおわれた草原《そうげん》で、ジャンプしてノネズミをとらえようとするホンドギツネ。この春《はる》うまれた、あの子《こ》ギツネかもしれません。

きびしい冬《ふゆ》の自然《しぜん》の中《なか》で

山《やま》やまは、深《ふか》い雪《ゆき》にうもれました。巣《す》の中《なか》でねむるヤマネは、そんな外《そと》のようすを知《し》るよしもありません。

そんなとき、きびしい冬《ふゆ》の山《やま》の中《なか》で、わずかな食《た》べ物《もの》をさがしもとめて、生《い》きつづける動物《どうぶつ》たちもいます。

キツネは、冬芽《ふゆめ》をかじってうえをしのぐノウサギをおそったり、雪《ゆき》の下《した》のトンネルにひそむノネズミをおそったりして、食事《しょくじ》にありつきます。

春《はる》の雪《ゆき》どけ水《みず》が歌《うた》いだすまで、
まだまだ時間《じかん》がかかります。深《ふか》い
雪《ゆき》の下《した》では、ヤマネたちがねむり
つづけています。

日本《にっぽん》にすむげっ歯目《しもく》のなかま（帰化種《きかしゅ》はふくみません）

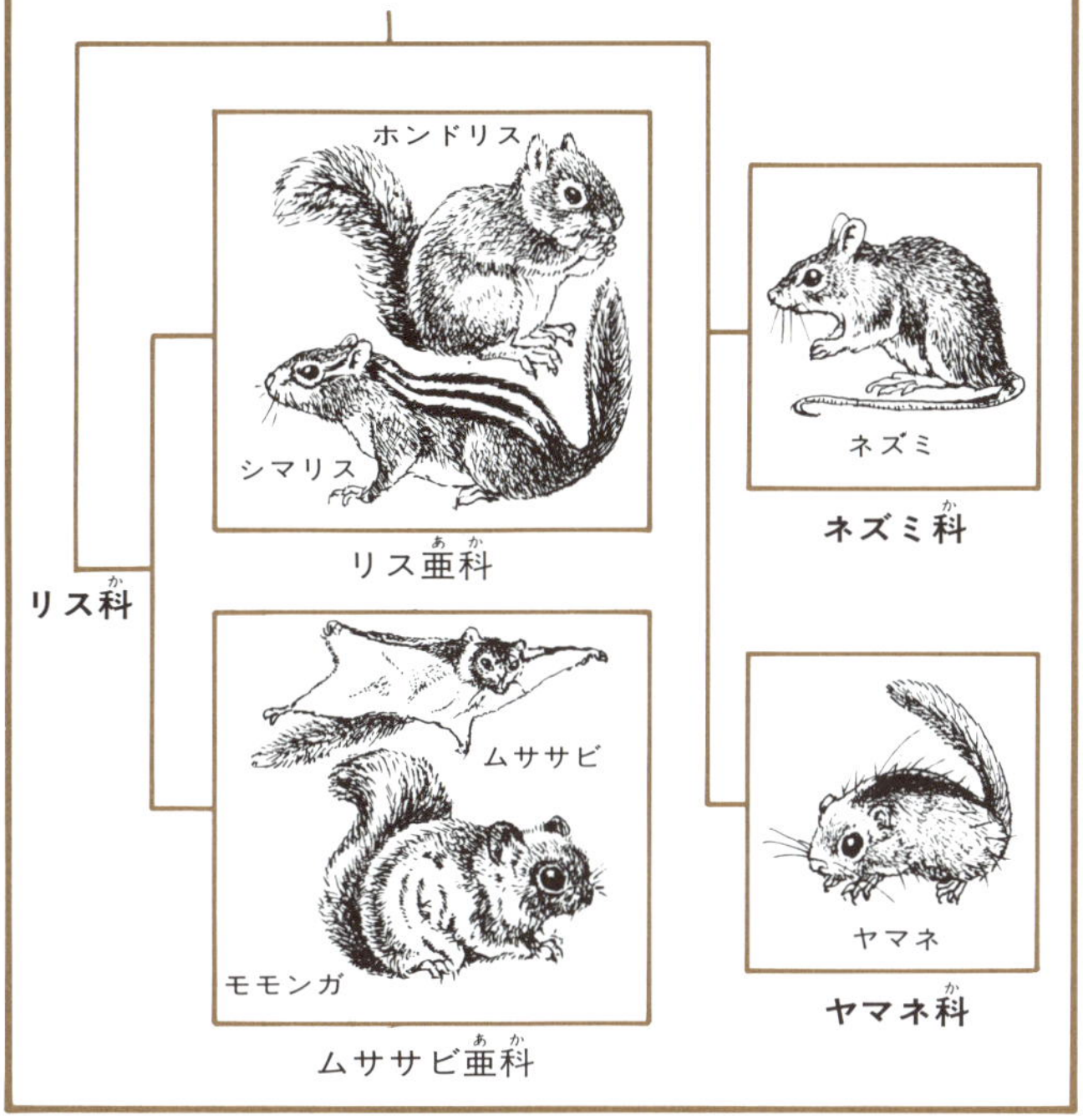

げっ歯目《しもく》の先祖《せんぞ》とヤマネ

げっ歯目《しもく》の先祖《せんぞ》は，いまから約《やく》5500万《まん》年《ねん》前《まえ》にあらわれたパラミスというけものだといわれています。

げっ歯目《しもく》のなかでも，ヤマネはネズミに近《ちか》いなかまです。でも，ネズミがかたい物《もの》をかじる歯《は》を発《はっ》達《たつ》させて進化《しんか》してきたのにくらべ，ヤマネはあまり発達《はったつ》していません。

ヤマネはげっ歯目《しもく》のなかでも，原始的《げんしてき》ななかまだと考《かんが》えられています。

ヤマネは、哺乳動物《ほにゅうどうぶつ》のなかのげっ歯目《しもく》という大《おお》きなグループにわけられています。

哺乳動物《ほにゅうどうぶつ》は、からだが毛《け》でおおわれ、体温《たいおん》を一《いっ》定《てい》にたもち、うまれてくる子《こ》どもを乳《ちち》で育《そだ》てます。現在《げんざい》、地球上《ちきゅうじょう》には四千種《せんしゅ》あまりの哺乳動物《ほにゅうどうぶつ》が、暑《あつ》いところから寒《さむ》いところまで、さまざまな環境《かんきょう》のもとでくらしています。

げっ歯目《しもく》のとくちょうは歯《は》です。前歯《まえば》のうち、まんなかの上下《じょうげ》、四本《ほん》の門歯《もんし》が、のみのようにするどく、かたい物《もの》をかじるのに適《てき》しています。

哺乳動物《ほにゅうどうぶつ》は、げっ歯目《しもく》のほかに、虫《むし》を専門《せんもん》に食《た》べる食虫目《しょくちゅうもく》や肉専門《にくせんもん》の食肉目《しょくにくもく》など、十八のグループにわけられています。なかでも、げっ歯目《しもく》は、コウモリの属《ぞく》す翼手目《よくしゅもく》とならんでもっとも種類《しゅるい》が多《おお》く、哺乳動物《ほにゅうどうぶつ》のおよそ三分《ぶん》の一をしめています。

日本《にっぽん》にすむげっ歯目《しもく》のなかまは、ネズミ、リス、ムササビ、モモンガ、そしてヤマネなどです。

＊世界《せかい》のヤマネ、日本《にっぽん》のヤマネ

●世界《せかい》のヤマネの分布《ぶんぷ》

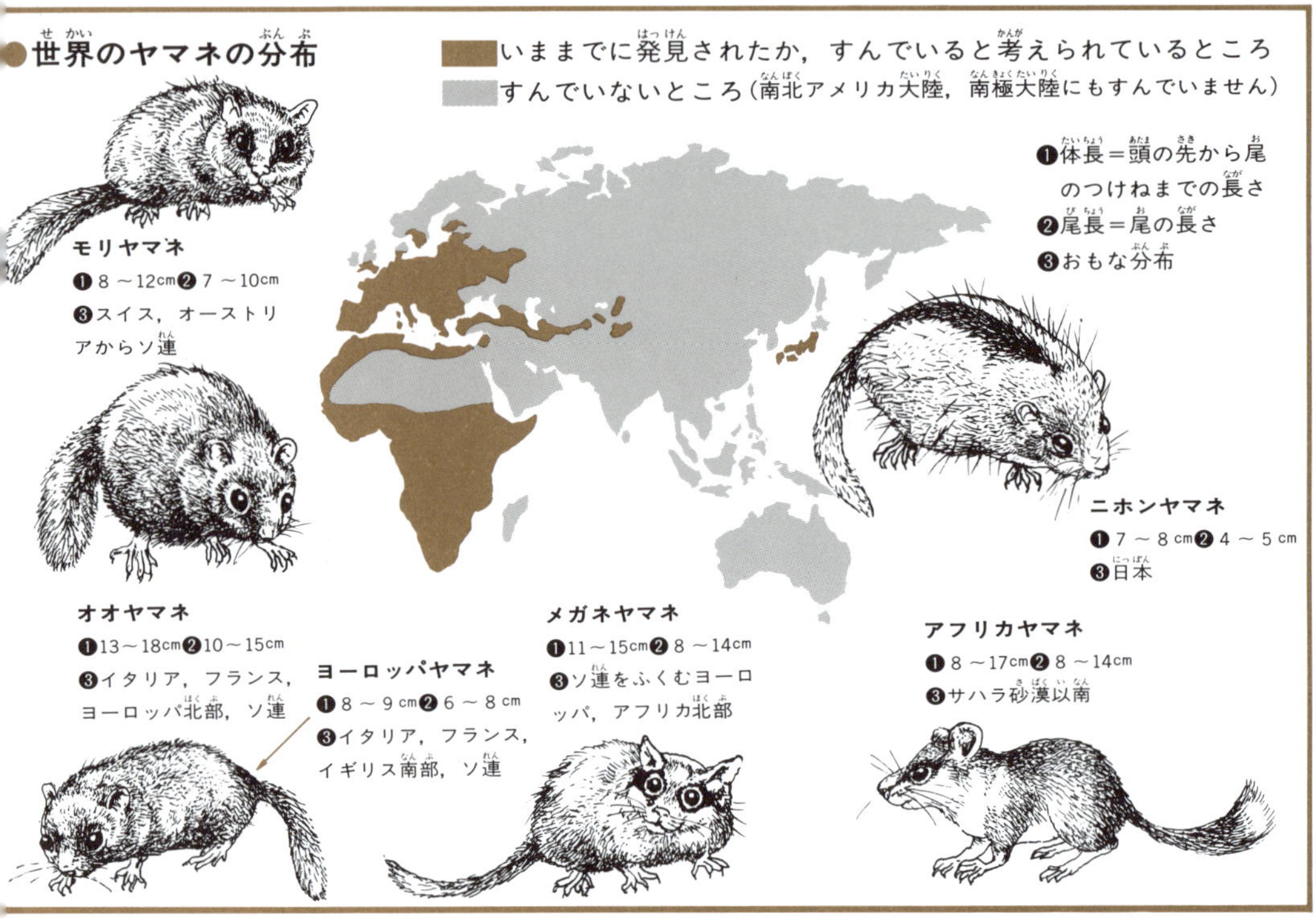

世界《せかい》のヤマネは、ぜんぶで十一種《しゅ》、日本《にっぽん》には、ニホンヤマネが、ただ一種《しゅ》いるだけです。

ヤマネは日本《にっぽん》以外《いがい》では、ヨーロッパやアフリカ、中央《ちゅうおう》アジアなどに分布《ぶんぷ》しています。

ヤマネは、すべて夜行性《やこうせい》で、昼《ひる》は巣《す》の中《なか》でぐっすりねむっています。そして、ほとんどのヤマネが冬眠《とうみん》します。そんなヤマネを、ドイツでは〝七か月《げつ》のねむり屋《や》〟とよんでいます。また、フランスでは、ぐっすりねむることを〝ヤマネのようにねむる〟といいます。

ヤマネの多《おお》くは木《き》の上《うえ》でくらしますが、メガネヤマネやモリヤマネなどは地上《ちじょう》でも活動《かつどう》します。

ヤマネは雑食性《ざっしょくせい》の動物《どうぶつ》ですが、オオヤマネや、ヨーロッパヤマネは植物質《しょくぶつしつ》のものをこのみ、モリヤマネやアフリカヤマネなどは、動物質《どうぶつしつ》のものをこのみます。なかにはメガネヤマネのように、季《き》節《せつ》によって食《た》べるものをかえるものもいます。

ニホンヤマネは、世界《せかい》のどのヤマネのなかまともちがいます。ところが、近《ちか》いなかまの化石《かせき》が、ヨーロッパの三百《びゃく》万年《まんねん》前《まえ》の地層《ちそう》から発見《はっけん》されています。ということは、ヨーロッパで、すでにほろんだヤマネに近《ちか》いなかまが日本《にっぽん》にいるわけです。つまり、ニホンヤマネは〝生《い》きた化石《かせき》〟なのです。

ニホンヤマネは、北海道《ほっかいどう》をのぞく、本州《ほんしゅう》、四国《しこく》、九州《きゅうしゅう》の低山《ていざん》から亜《あ》高山帯《こうざんたい》（標高《ひょうこう》二千《せん》メートル前後《ぜんご》）の森《もり》にすんでいます。

大陸《たいりく》にいたニホンヤマネの先祖《せんぞ》が、日本《にっぽん》へやってきたのは、日本《にっぽん》が朝鮮《ちょうせん》半島《はんとう》とつながっていた時代《じだい》ではないでしょうか。それがいつか、くわしいことはわかりませんが、いまと同《おな》じヤマネの化石《かせき》は、山口県《やまぐちけん》の五十万年《まんねん》前《まえ》の地層《ちそう》からでています。

その後《ご》、ヤマネは北《きた》へ分布《ぶんぷ》をひろげていきましたが、いまの青森県《あおもりけん》まできたときには、すでに本州《ほんしゅう》と北海道《ほっかいどう》のあいだに津軽《つがる》海峡《かいきょう》ができていたので、北海道《ほっかいどう》には、わたれなかったと考《かんが》えられます。

日本《にっぽん》のヤマネの分布《ぶんぷ》

いままでに発見《はっけん》されているところ
北海道《ほっかいどう》と南西諸島《なんせいしょとう》にはいません。

ヤマネのすむ標高《ひょうこう》

以前《いぜん》、ヤマネは西南《せいなん》日本《にほん》では標高《ひょうこう》千《せん》～二千《せん》メートル、関東《かんとう》では六百《びゃく》～千《せん》五百《ひゃく》メートル、緯度《いど》の高《たか》い東北《とうほく》では、平地《へいち》でも発見《はっけん》されていたので、どちらかというと、寒《さむ》い亜《あ》高山帯《こうざんたい》の動物《どうぶつ》だと思《おも》われてきました。

でも最近《さいきん》の調査《ちょうさ》で、西南《せいなん》日本《にほん》でも低《ひく》いところでみつかっており、とくに高《たか》い山《やま》にすむ動《どう》物《ぶつ》ではないようです。

ヤマネの名前《なまえ》

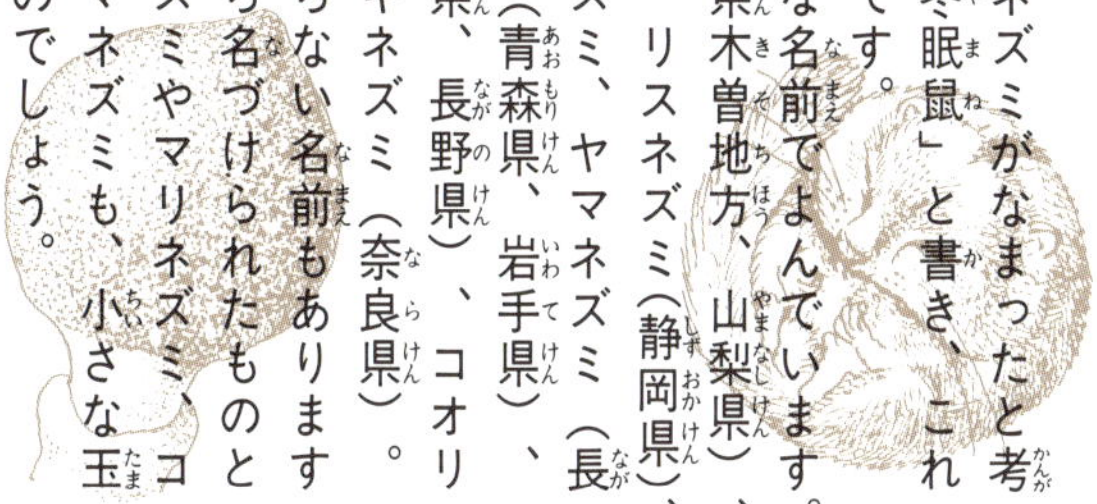

ヤマネという名前《なまえ》は、ヤマネズミがなまったと考《かんが》えられています。漢字《かんじ》では「冬眠鼠《やまね》」と書《か》き、これは冬眠《とうみん》するネズミという意味《いみ》です。

地方《ちほう》ではヤマネをいろいろな名前《なまえ》でよんでいます。クダギツネ、キブスマ（長野県《ながのけん》木曽《きそ》地方《ちほう》、山梨県《やまなしけん》）、モモトリ（栃木県《とちぎけん》日光《にっこう》地方《ちほう》）、リスネズミ（静岡県《しずおかけん》）、シネネコ、ヤマチン、マリネズミ、ヤマネズミ（長野県《ながのけん》諏訪《すわ》地方《ちほう》）、キノコダマ（青森県《あおもりけん》、岩手県《いわてけん》）、コダマネズミ（新潟県《にいがたけん》、秋田県《あきたけん》、長野県《ながのけん》）、コオリネズミ（和歌山県《わかやまけん》）、ノロ、キネズミ（奈良県《ならけん》）。

なぜそうよぶのかよくわからない名前《なまえ》もありますが、その姿《すがた》や冬眠《とうみん》のようすから名《な》づけられたものと思《おも》われます。たとえばリスネズミやマリネズミ、コオリネズミがそうです。コダマネズミも、小《ちい》さな玉《たま》のようなネズミという意味《いみ》なのでしょう。

＊ヤマネ（ニホンヤマネ）のからだ

⬆ヤマネは枝《えだ》の上《うえ》を走《はし》ったり（上《うえ》），細《ほそ》い枝《えだ》にぶらさがるようにつたい歩《ある》きをしたり（左《ひだり》）して，木《き》の上《うえ》ですばやく動《うご》きまわることができます。そのとき，かぎづめや尾《お》が役《やく》に立《た》っています。

夜行性《やこうせい》で、木《き》の上《うえ》でくらし、冬眠《とうみん》をするヤマネのからだには、どんなとくちょうがあるのでしょう。

ヤマネの目《め》はまるくて大《おお》きく、よくめだちます。この大《おお》きな目《め》は、わずかな光《ひかり》でものがよく見《み》え、暗《くら》い森《もり》の中《なか》で活動《かつどう》するのに役立《やくだ》っています。

ヤマネは、鼻《はな》の先《さき》から尾《お》のつけねまでの長《なが》さが、七〜八センチメートル、尾《お》の長《なが》さは、四〜五センチメートル。尾《お》はネズミにくらべて短《みじか》く、リスのように毛《け》がはえています。この尾《お》は、枝《えだ》の上《うえ》を走《はし》ったり、細《ほそ》い枝《えだ》にぶらさがったりするときに、バランスをとるための、たいせつな役目《やくめ》をしています。

前後《ぜんご》の足《あし》にはかぎづめがあり、太《ふと》い木《き》も自由《じゆう》にのぼれます。そして、うしろ足《あし》のかぎづめを枝《えだ》にひっかけてぶらさがったまま、前足《まえあし》で食《た》べ物《もの》を食《た》べたり、毛《け》づくろいをすることもできます。

ヤマネの毛《け》は、短《みじか》い毛《け》にまじって長《なが》い毛《け》が生《は》えています。冬眠《とうみん》しない動物《どうぶつ》は、季節《きせつ》によって、夏毛《なつげ》と

●ヤマネのからだのとくちょう

※大《おお》きさや，からだのもようには，個体差《こたいさ》，地方差《ちほうさ》があります。また，長野県《ながのけん》や山梨県《やまなしけん》では，背中《せなか》に白《しろ》いもようのあるヤマネもみつかっています。

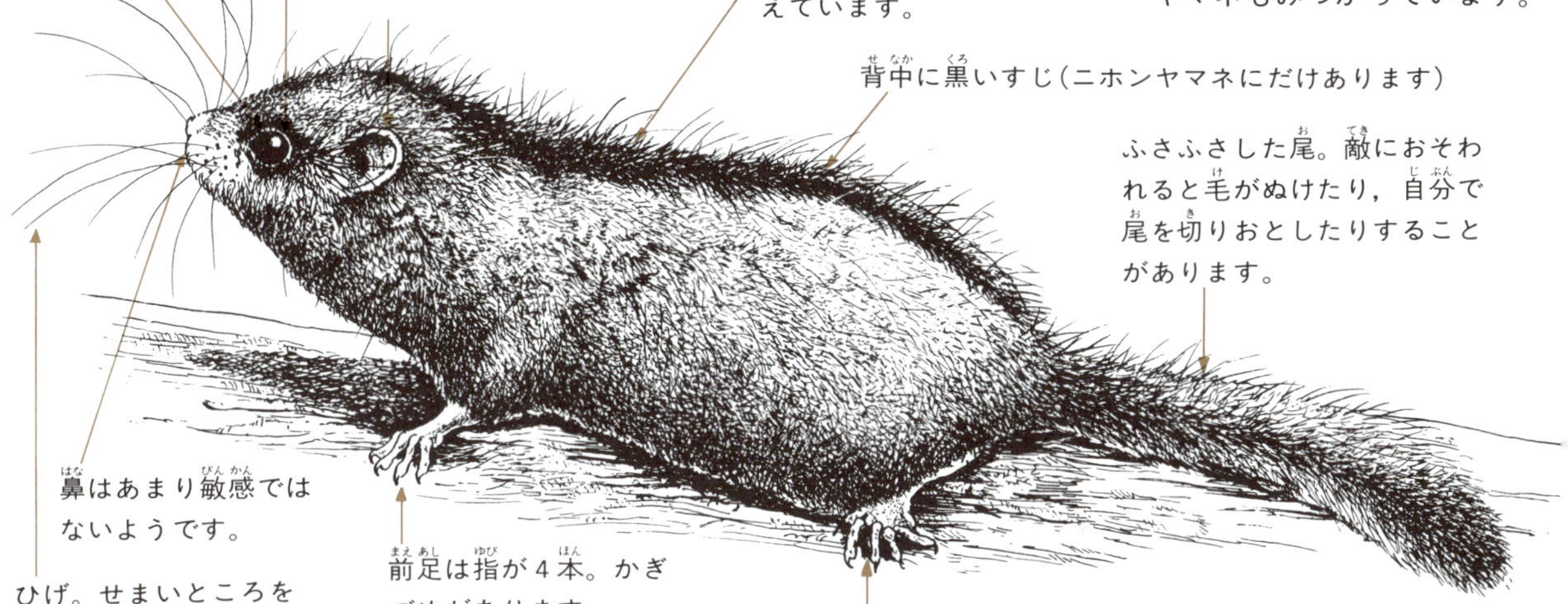
暗《くら》いところでもよく見《み》える目《め》
目《め》のまわりには黒《くろ》いくまどり
かすかな音《おと》でもきこえる耳《みみ》。
毛《け》は長《なが》い長毛《ちょうもう》と短《みじか》い短毛《たんもう》とがまじって生《は》えています。
ひげ。せまいところをとおりぬけるとき，幅《はば》をはかったりします。
前足《まえあし》は指《ゆび》が４本《ほん》。かぎづめがあります。
うしろ足《あし》は指《ゆび》が５本《ほん》。かぎづめがあります。

冬毛《ふゆげ》に生《は》えかわりますが、ヤマネの場合《ばあい》は、そのようなことはないようです。

ほかのげっ歯類《しるい》には盲腸《もうちょう》があるのに、ヤマネには盲腸《もうちょう》はありません。盲腸《もうちょう》は、植物《しょくぶつ》のせんいを消化《しょうか》するためにあります。ヤマネは雑食性《ざっしょくせい》の動物《どうぶつ》ですが、草《くさ》のようにせんいの多《おお》いものはあまり食《た》べないようです。

●ヤマネの歩《ある》き方《かた》

ヤマネはからだのわりに横《よこ》はばがあるので，歩《ある》くときは，左右《さゆう》の足《あし》の間《かん》かくがひらいています。

前足《まえあし》
うしろ足《あし》

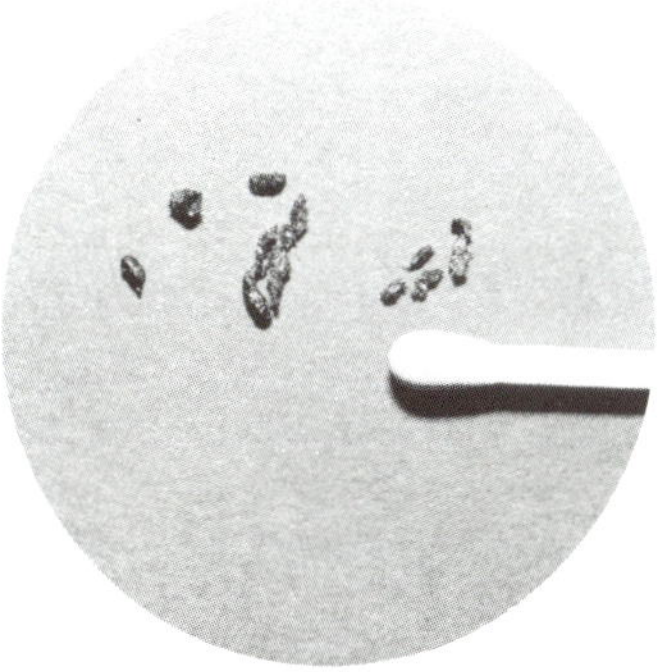

↑ヤマネのふん。ねじれていて，黒《くろ》っぽい色《いろ》をしていますが，食《た》べ物《もの》によって色《いろ》もかわってきます。

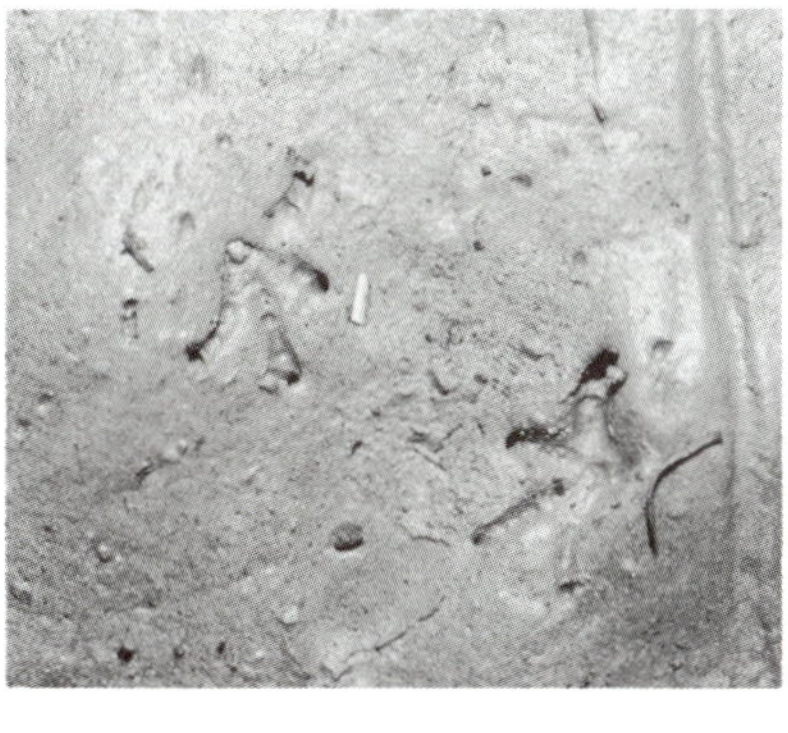

←ヤマネの足《あし》あと。木《き》の上《うえ》でくらすことが多《おお》いので，あまり足《あし》あとをみることはありません。

＊ヤマネの一年《ねん》

ヤマネは、一年《ねん》の大半《たいはん》をねてくらしますが、そのあいだにも、森《もり》の時計《とけい》は休《やす》むことなく時《とき》をきざんでいます。そして、いろいろな生《い》き物《もの》がさまざまにかかわりあって、その時《とき》の流《なが》れにあわせて生《い》きているのです。ここでもう一度《ど》、八《やつ》ケ《が》岳中信高原国定公園《たけちゅうしんこうげんこくていこうえん》の、ヤマネの森《もり》の一年《ねん》をふりかえってみましょう。

ヤマネのくらし

春《はる》

●冬眠《とうみん》からめざめたヤマネは、せっせと食《た》べて体力《たいりょく》をつけます。

●数週間《すうしゅうかん》で、結婚《けっこん》のシーズン。めすは複数《ふくすう》のおすと交尾《こうび》をし、このとき、おすどうしのあいだでかみついたり、おすがめすをはげしくおいかけたりするようです。

●出産《しゅっさん》が近《ちか》づくと、めすは巣材集《すざいあつ》めにいそがしくなります。

●交尾《こうび》から約《やく》一か月《げつ》で出産《しゅっさん》。こんどは子育《こそだ》てでいそがしくなります。

夏《なつ》

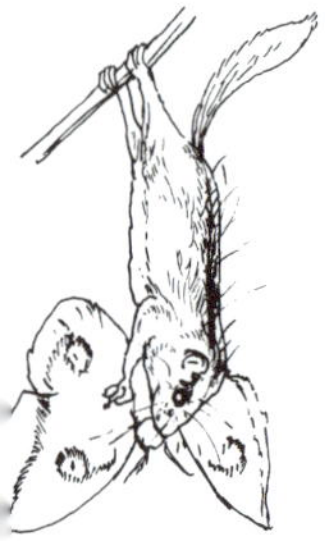

●ヤマネの子《こ》どもは、母親《ははおや》ヤマネから生《い》きるための知恵《ちえ》を教《おそ》わり、誕生《たんじょう》から一か月半《げつはん》〜二か月《げつ》で、巣《す》からはなれてひとりだちします。

●ひとりだちしても、イタチやテン、フクロウ、ヘビなどにおそわれるヤマネもいます。

●この季節《きせつ》に多《おお》い昆虫《こんちゅう》などを、すばやい動《うご》きで、たくみにとらえて食《た》べます。

森《もり》の四季《しき》

春《はる》

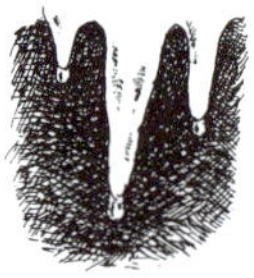
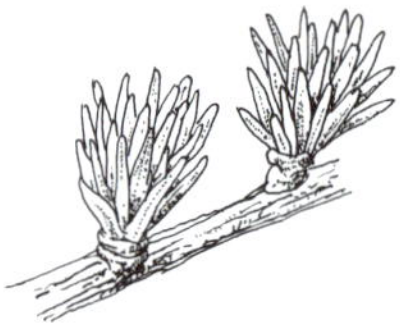

●雪《ゆき》どけがはじまった小川《おがわ》のそばで、ザゼンソウがさきはじめます。

●里《さと》ではあたたかい日《ひ》がつづくのに、森《もり》ではときどき氷点下《ひょうてんか》にさがることもあります。

●五月中旬《がつちゅうじゅん》、カラマツやミズナラが、ようやく芽《め》ぶきはじめます。

夏《なつ》

●森《もり》はこい緑《みどり》にすっかりつつまれます。森《もり》のそばの草原《そうげん》には、ツツジやニッコウキスゲがさきみだれます。

●空《そら》は青《あお》くすみきって、さわやかな風《かぜ》がふきぬけていきます。

●八月中旬《がつちゅうじゅん》をすぎると、秋風《あきかぜ》がふきだし、短《みじか》い夏《なつ》のおわりをつげます。

ほかの生《い》き物《もの》たち

春《はる》

●ホンドギツネは、土《つち》の中《なか》の巣《す》あなで、すでに子《こ》ギツネをうんでいます。父親《ちちおや》ギツネは母親《ははおや》ギツネのために、食《た》べ物《もの》を運《はこ》んできます。

●草原《そうげん》ではノビタキやウグイスが、池《いけ》のまわりではヨシキリがさえずります。

●ぬかるんだ地面《じめん》に、イノシシやニホンジカの足《あし》あとが見《み》られます。

夏《なつ》

●ノビタキのひなが巣立《すだ》っていきます。

●セミが鳴《な》いて、夏《なつ》のさかりをつげます。

●ホンドギツネの子《こ》どもが母親《ははおや》ギツネにおいはらわれ、ひとりだちしていきます。

●たくさんの昆虫《こんちゅう》たちが飛《と》びかいます。

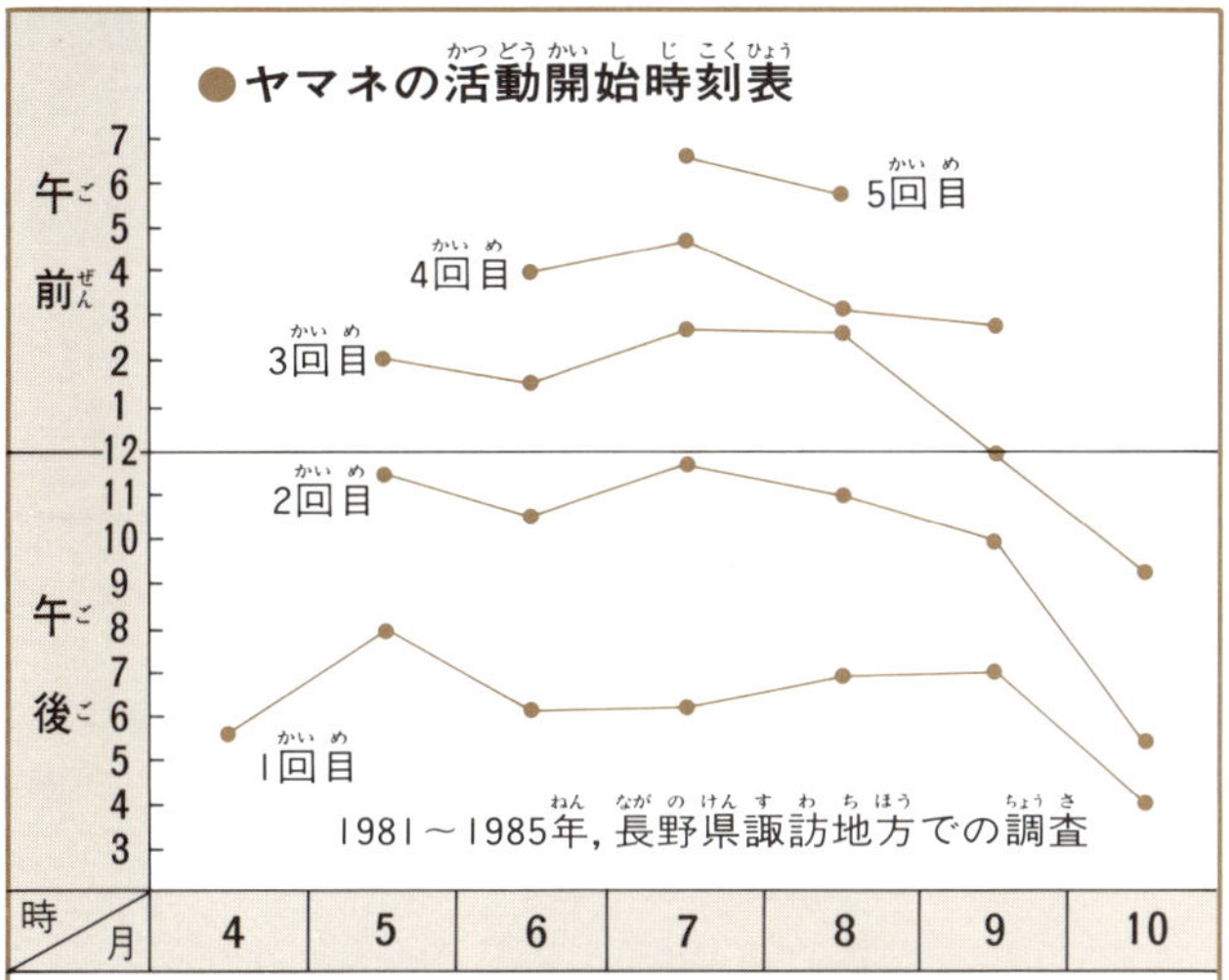

ヤマネは巣《す》からでかけると，夜明《よあ》けまで帰《かえ》ってこないこともあれば，すぐにもどってきて，しばらくすると，またでかけることもあります。

上《うえ》のグラフは，ヤマネが何時《なんじ》ごろでかけるのか，またひとばんで何回《なんかい》でかけ，各回《かくかい》の時刻《じこく》は何時《なんじ》ごろか，月別《つきべつ》の平均《へいきん》をとってみたものです。

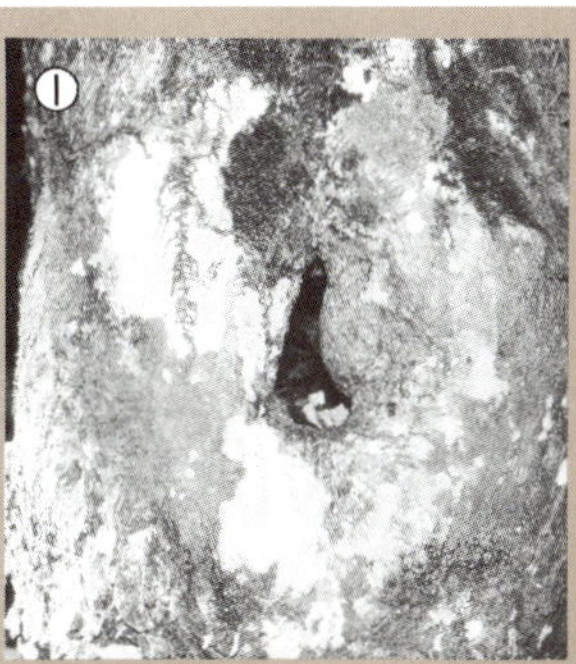
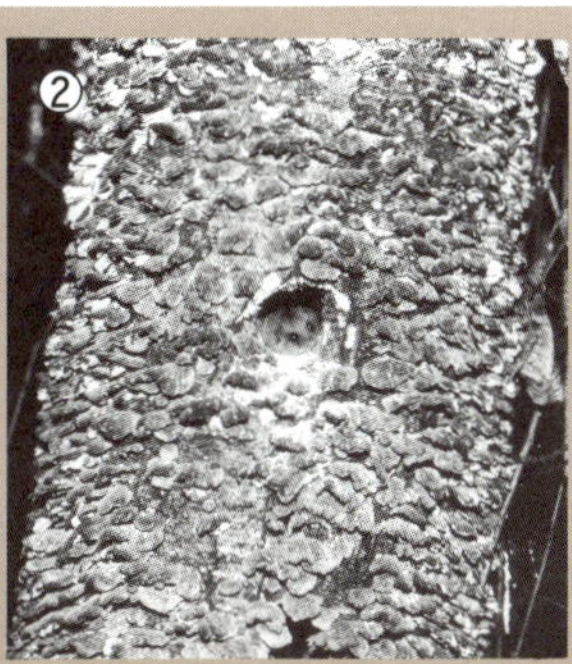

①木《き》のうろの巣《す》。②キツツキのほったあなを利用《りよう》した巣《す》。③ダケカンバの皮《かわ》。巣材《ずざい》に利用《りよう》されています。

●ヤマネの巣《す》あなと巣材《ずざい》

ヤマネは、自分《じぶん》で巣《す》あなをほることはありません。木《き》のうろやキツツキのほったあなをつかいます。ときには、小鳥用《ことりよう》の巣箱《すばこ》を利用《りよう》します。

巣《す》のゆかには、かれ葉《は》や木《き》の皮《かわ》、コケなどをしきますが、お産《さん》のときは、巣《す》いっぱいにつめこみます。

秋《あき》

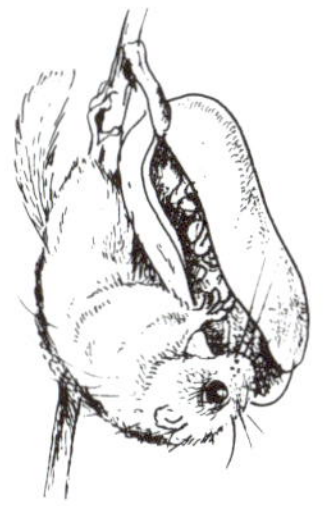
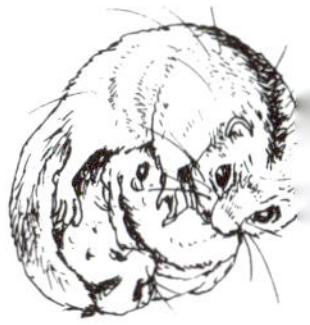

●二度目《にどめ》の出産《しゅっさん》をするヤマネもいます。

●木《き》の実《み》がじゅくしはじめると、毎日《まいにち》のように通《かよ》って食《た》べます。

●冬眠《とうみん》にそなえて、からだに脂肪《しぼう》をたくわえ、まるまるとふとってきます。そして、日中《にっちゅう》から活動《かつどう》していることがあります。

●霜《しも》がおりるころになると、ヤマネは冬眠《とうみん》にはいります。

●湿原《しつげん》の紅葉《こうよう》がひと足《あし》はやくはじまります。

●いろいろなキノコが顔《かお》をだします。

●十月《がつ》上旬《じょうじゅん》、木《き》ぎの葉《は》がすこしずつ色《いろ》づきはじめると、木《き》の実《み》もじゅくしてきます。日《ひ》一日《にち》と冷《ひ》えこみます。

●いつのまにか、アカトンボの姿《すがた》がめだってきます。

●鳥《とり》や昆虫《こんちゅう》たちの姿《すがた》が、しだいに見《み》えなくなります。

●ホンドリスが、落《お》ちたドングリやクルミをさがして食《た》べています。

●冬眠《とうみん》しない動物《どうぶつ》たちの毛《け》が冬毛《ふゆげ》にかわりはじめます。

冬《ふゆ》

●ヤマネは、雪《ゆき》の下《した》で冬眠《とうみん》しています。冬眠《とうみん》の場所《ばしょ》が寒《さむ》すぎたりすると、とちゅうでおきて、場所《ばしょ》をかえることもあるようです。

●一～二月《がつ》、森《もり》は日《ひ》ごと深《ふか》い雪《ゆき》にうずもれていきます。ときには霧氷《むひょう》が木《き》ぎをかざります。

●森《もり》にのこった鳥《とり》や、冬眠《とうみん》しないけものたちが、とぼしい食《た》べ物《もの》を、雪《ゆき》の中《なか》でさがしつづけます。

●ヤマネ，コウモリ，シマリス型《がた》の冬眠《とうみん》

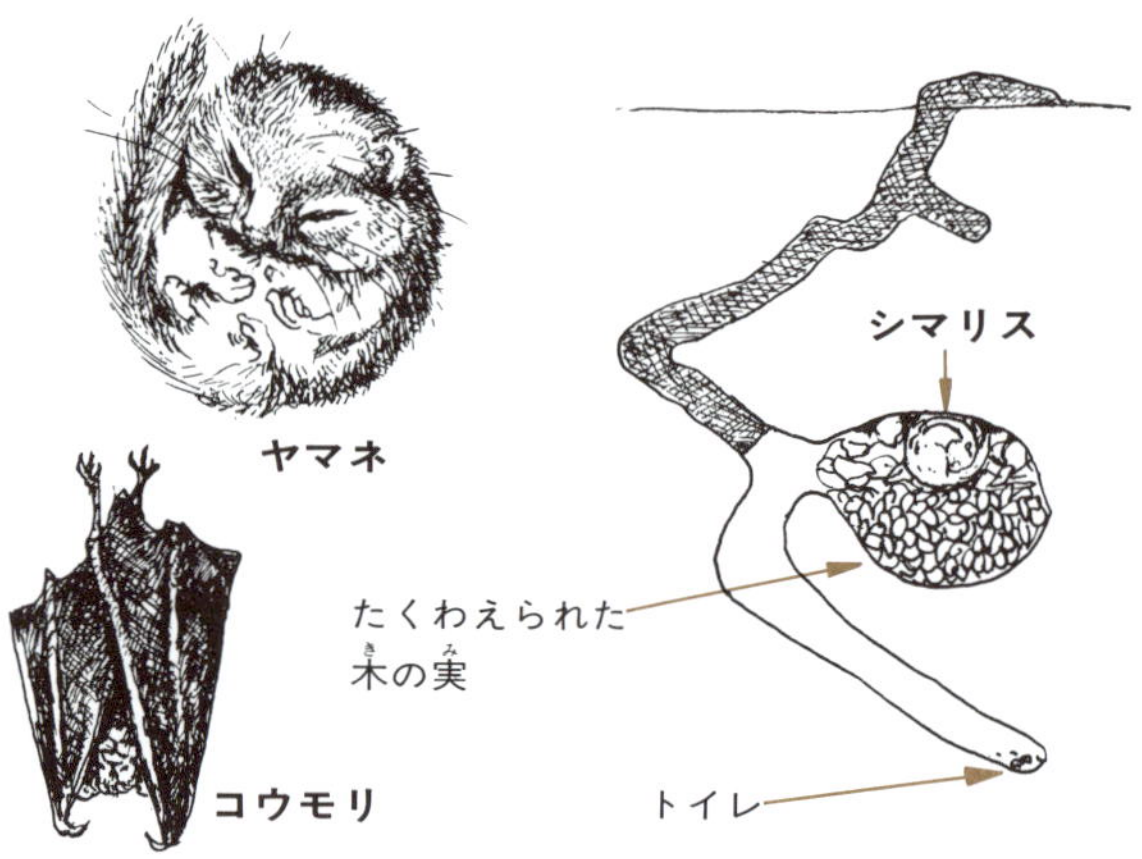

■コウモリはどうくつなどの中《なか》で冬眠《とうみん》します。ヤマネやコウモリは，冬眠場所《とうみんばしょ》の温度《おんど》が低《ひく》すぎたり，温度変化《おんどへんか》がはげしいと，とちゅうで冬眠《とうみん》からめざめて，場所《ばしょ》を変《か》えることがあります。

■シマリスは地中《ちちゅう》の巣《す》あなで冬眠《とうみん》します。ヤマネやコウモリとちがい，ときどきおきて，たくわえた木《き》の実《み》を食《た》べます。

●ヘビ，カエル型冬眠《がたとうみん》

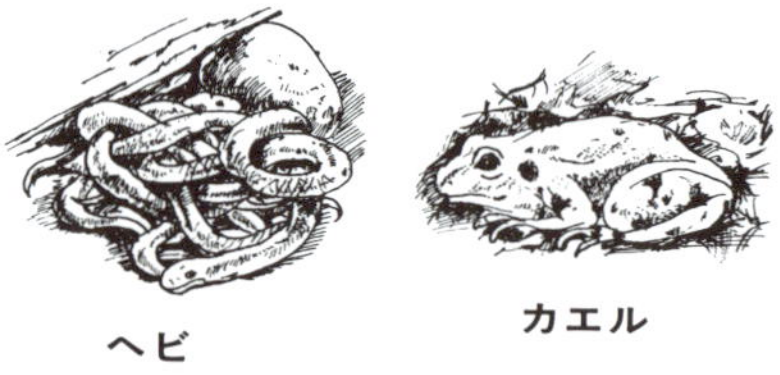

■呼吸《こきゅう》や脈拍《みゃくはく》がにぶくなり，仮《か》死状態《しじょうたい》でねむります。

●クマ型冬眠《がたとうみん》

■木《き》のうろの中《なか》などで，うとうとねむり，秋《あき》に交尾《こうび》しためすは，冬眠中《とうみんちゅう》に子《こ》どもをうみます。

動物《どうぶつ》には、カエルやイモリなどの両生類《りょうせいるい》、ヘビやカメなどのハ虫類《ちゅうるい》のように、まわりの温度《おんど》の変化《へんか》で、体温《たいおん》も変《か》わるものがいます。変温動物《へんおんどうぶつ》です。変温動物《へんおんどうぶつ》は、気温《きおん》が下《さ》がる冬《ふゆ》には動《うご》けなくなってしまいます。そこで、温度《おんど》変化《へんか》のすくない場所《ばしょ》で、わずかな呼吸《こきゅう》や心臓《しんぞう》の動《うご》きだけで、死《し》んだように冬眠《とうみん》します。

鳥類《ちょうるい》はからだを羽毛《うもう》でつつみ、自分《じぶん》で体温《たいおん》を一定《いってい》にたもてる恒温動物《こうおんどうぶつ》です。しかし、飛《と》ぶ生活《せいかつ》をするため、多《おお》くのエネルギーをつかい、したがって食《た》べ物《もの》もたくさん必要《ひつよう》です。でも冬《ふゆ》は食《た》べ物《もの》がすくないので、ある種《しゅ》の鳥《とり》は、食《た》べ物《もの》の多《おお》い南《みなみ》の国《くに》へわたっていきます。

哺《ほ》乳類《にゅうるい》も、体温《たいおん》を一定《いってい》にたもてる恒温動物《こうおんどうぶつ》です。ところが、哺《ほ》乳類《にゅうるい》のなかにも冬眠《とうみん》するものがいます。日本《にっぽん》の哺《ほ》乳類《にゅうるい》で冬眠《とうみん》するものは、大《おお》きく二つのタイプにわけられます。

雪《ゆき》の中《なか》の落《お》とし物《もの》？

ヤマネは気温《きおん》が下《さ》がりすぎると，もっと安《あん》全《ぜん》にねむれる場所《ばしょ》にうつろうとします。でも，冬《ふゆ》のまっただ中《なか》では新《あたら》しい場所《ばしょ》もみつからず，そこで雪《ゆき》の中《なか》に深《ふか》くもぐりこみます。雪《ゆき》の中《なか》は，外《そと》よりはあたたかいのです。

やがて，春《はる》のぬくもりとともに雪《ゆき》がとけてくると，ヤマネのねむった姿《すがた》が雪《ゆき》の中《なか》からあらわれてきます。

ヤマネの体温変化《たいおんへんか》

※資料《しりょう》＝下泉重吉《しもいずみじゅうきち》

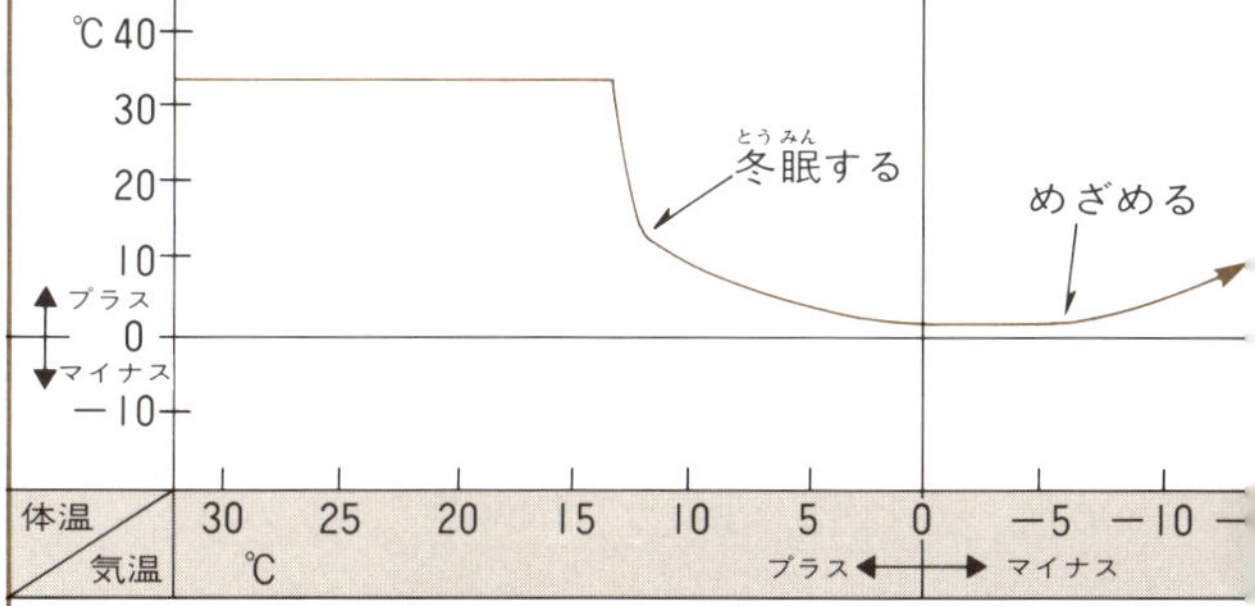

ヤマネの体温《たいおん》はほかの哺乳類《ほにゅうるい》とちがい，まわりの温度《おんど》のえいきょうをうけます。でも，体温《たいおん》の変《へん》化《か》は変温動物《へんおんどうぶつ》の場合《ばあい》とちがっています。

■**気温《きおん》24℃以上《いじょう》**　体温《たいおん》は昼《ひる》も夜《よる》も一日中《にちじゅう》，ほとんど変《か》わりません。

■**24～16℃**　夜活動中《よるかつどうちゅう》の体温《たいおん》は，34℃以上《いじょう》。昼間《ひるま》休《やす》んでいるときは，気温《きおん》とほぼ同《おな》じです。

■**12～0℃**　体温《たいおん》は気温《きおん》とほぼ同《おな》じ。冬眠《とうみん》します。

■**0～-7℃**　体温《たいおん》は下《さ》がらず1℃をたもちます。

■**-7℃以下《いか》**　体温《たいおん》は上《あ》がりはじめ，めざめて別《べつ》の冬眠場所《とうみんばしょ》をさがします。

ひとつは、ヤマネ、コウモリ、シマリス型《がた》。これらは哺乳類《ほにゅうるい》なのに、寒《さむ》くなると体温《たいおん》が下《さ》がってしまい、冬《ふゆ》のあいだはぐっすりねむって、かんたんにめざめません。呼吸《こきゅう》や脈拍《みゃくはく》の回数《かいすう》も、ふだんよりすくなくなります。

いっぽうクマ型《がた》では、体温《たいおん》はほとんど変《か》わらず、うとうとしているだけです。しげきをあたえると、すぐに活動《かつどう》することができます。

哺乳類《ほにゅうるい》も体温《たいおん》を一定《いってい》にたもつには、エネルギー、つまり食《た》べ物《もの》が必要《ひつよう》です。冬眠《とうみん》する哺《ほ》乳類《にゅうるい》は、寒《さむ》さのためにからだの働《はたら》きがともなわないだけでなく、食《た》べ物《もの》のとぼしい冬《ふゆ》をのりきるために、エネルギーを節約《せつやく》しているのでしょう。しずかにねむって、冬眠前《とうみんまえ》に体内《たいない》にたくわえた栄養《えいよう》をすこしずつつかいます。

冬《ふゆ》でも活動《かつどう》をする哺乳類《ほにゅうるい》の多《おお》くは、ぶあつい毛皮《けがわ》を身《み》にまとい、毛皮《けがわ》の下《した》には、脂肪《しぼう》をたくわえて、寒《さむ》さにたえて生《い》きぬきます。

●ヤマネのすむ森《もり》の生《い》き物《もの》たちの関係《かんけい》

おもにヤマネを中心《ちゅうしん》に，食《た》べたり食《た》べられたりの関係《かんけい》をみていますが，じっさいには，もっと複雑《ふくざつ》にからみあっています。

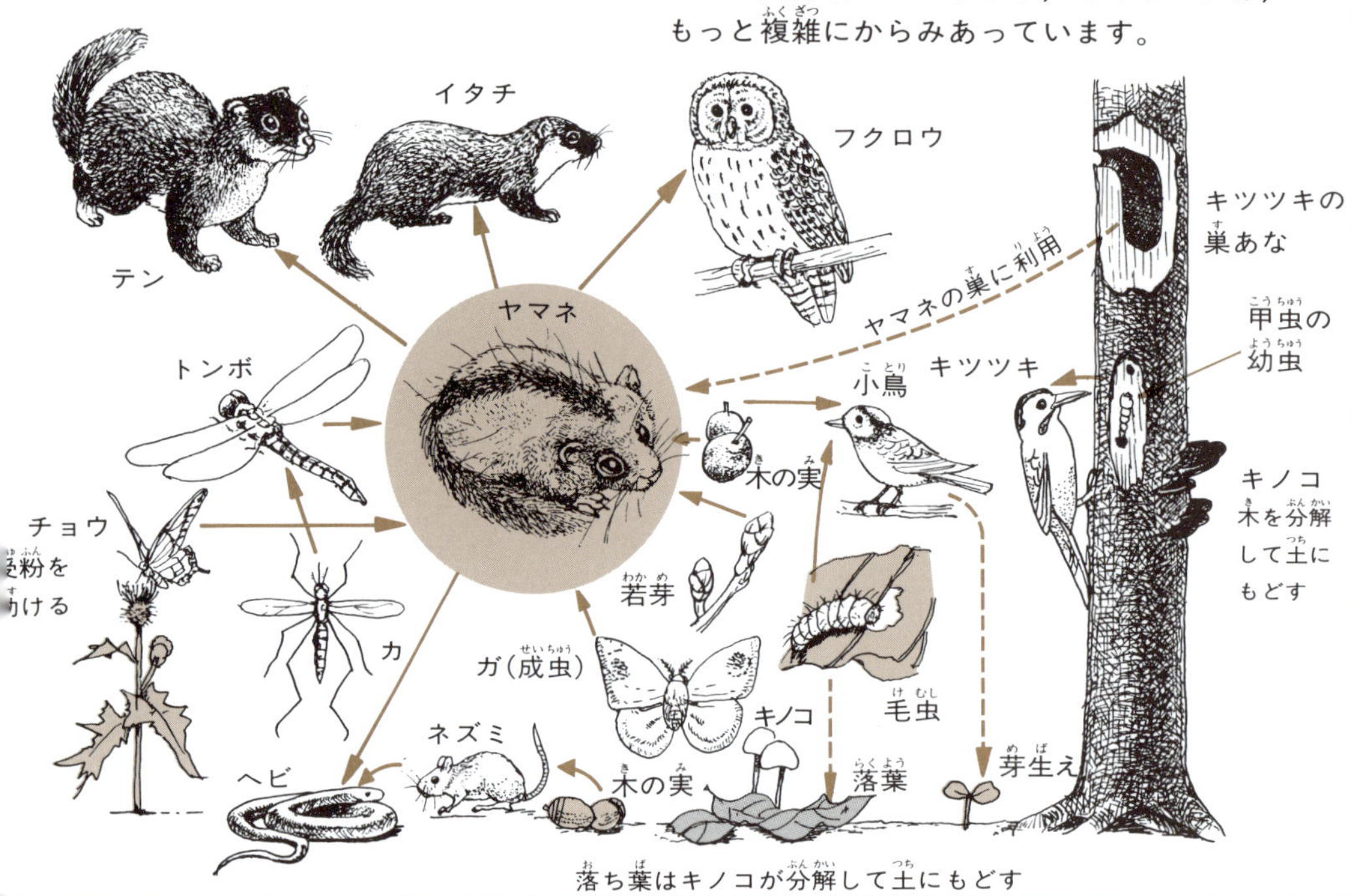

落《お》ち葉《ば》はキノコが分解《ぶんかい》して土《つち》にもどす

ヤマネのすむ森《もり》は、木《き》や草《くさ》などの植物《しょくぶつ》が豊《ゆた》かに生《は》えているだけでなく、昆虫《こんちゅう》や鳥《とり》、けものなど、数《かず》多《おお》くの生《い》き物《もの》もくらしています。これらの生《い》き物《もの》が、食《た》べたり食《た》べられたりしながら、森《もり》の自然《しぜん》はつりあっているのです。

例《たと》えば、ヤマネは、夏《なつ》には昆虫《こんちゅう》をたくさん食《た》べます。和歌山県《わかやまけん》でヤマネをしらべている湊秋作先生《みなとしゅうさくせんせい》によると、一ぴきのヤマネが、一ばんで十ぴきのヤママユガをとって食《た》べ、小《ちい》さなガだと、五十ぴきもとったそうです。

ガの幼虫《ようちゅう》は、森《もり》の草木《くさき》の葉《は》を食《た》べますから、ガを食《た》べるヤマネのような動物《どうぶつ》がいないと、やがて、幼虫《ようちゅう》がふえて森《もり》の緑《みどり》はなくなってしまいます。緑《みどり》をうしなった森《もり》では、がばかりでなく、多《おお》くの昆虫《こんちゅう》も生《い》きていけませんし、木《き》の実《み》だってできません。これでは、ヤマネもくらしていくことができません。

	活動《かつどう》する場所《ばしょ》(空間《くうかん》)	活動《かつどう》する時間帯《じかんたい》	食《た》べ物《もの》
ヤマネ	ほとんど樹上《じゅじょう》。軽《かる》いので細《ほそ》い枝先《えださき》でも活動《かつどう》できます。	夜間《やかん》。冬《ふゆ》は冬眠《とうみん》して，活動《かつどう》しません。	昆虫《こんちゅう》，木《き》の芽《め》，アケビ，ヤマブドウ(やわらかい木《き》の実《み》)
ネズミ	おもに地面《じめん》。地中《ちちゅう》にできたトンネルも利用《りよう》します。	昼間《ひるま》～夜間《やかん》。	地面《じめん》におちたクリやドングリ，穀類《こくるい》の実《み》，木《き》や草《くさ》の根《ね》。
リス	ほとんど樹上《じゅじょう》。あまり細《ほそ》い枝先《えださき》では活動《かつどう》できません。	昼間《ひるま》。	クリ，ドングリ，クルミ，マツの実《み》，鳥《とり》のたまご，昆虫《こんちゅう》。
ムササビ	ほとんど樹上《じゅじょう》。飛《ひ》まくをつかって滑《かっ》空《くう》できます。	夜間《やかん》。	木《き》の芽《め》，木《こ》の葉《は》，木《き》の花《はな》，ドングリ，昆虫《こんちゅう》など。

↑同《おな》じげっ歯類《しるい》のなかまが，一つの森《もり》で共存《きょうぞん》していくために，どのようにくふうしているかしらべました。

←ヤマネのすむ森《もり》。この森《もり》で，さまざまな生《い》き物《もの》たちが，食《た》べたり食《た》べられたりします。また，同《おな》じなかまが時間《じかん》や空間《くうかん》をつかいわけて共存《きょうぞん》しています。

では、ヤマネが多《おお》すぎるとどうでしょう。森《もり》の昆虫《こんちゅう》や木《き》の実《み》がなくなり、やっぱりヤマネはすみずらくなるでしょう。でも、ヤマネには、テンやイタチ、フクロウ、ヘビのような天敵《てんてき》がいて、ヤマネがふえすぎることはありません。

ところで、ヤマネのすむ森《もり》には、リスやネズミ、ときにはムササビやモモンガなどの、同《おな》じげっ歯類《しるい》のなかまがすんでいることがあります。木《き》の実《み》などの食《た》べ物《もの》をめぐって、あらそうことはないのでしょうか。

これらのなかまは、からだの大《おお》きさがちがえば、活動《かつどう》するはんいや空間《くうかん》もちがいます。また、活動《かつどう》の時間帯《じかんたい》がちがうものもいます。それに、同《おな》じげっ歯類《しるい》のなかでも、ヤマネの歯《は》はあまり強《つよ》くないので、比較的《ひかくてき》やわらかい種類《しゅるい》の木《き》の実《み》を食《た》べます。そのことによって、食《た》べ物《もの》をうまくわけあっているのです。

↑森《もり》をきりひらいてできた別荘地《べっそうち》。人《ひと》びとが自然《しぜん》と接《せっ》するためには，もとの自然《しぜん》をできるだけのこして施設《しせつ》をつくりたいものです。

←カラマツの植林地《しょくりんち》。カラマツ林《ばやし》は成長《せいちょう》がはやく，林業《りんぎょう》にむいているかもしれませんが，そこにすむ生《い》き物《もの》はあまり多《おお》くありません。

ヤマネのすむ八《やつ》ヶ《が》岳《たけ》中信《ちゅうしん》高原《こうげん》国定《こくてい》公園《こうえん》は、高原《こうげん》や森《もり》、渓谷《けいこく》などの美《うつく》しい風景《ふうけい》にめぐまれた土地《とち》です。そのため、近年《きんねん》、観光《かんこう》道路《どうろ》や観光《かんこう》施設《しせつ》がさかんにつくられ、別荘地《べっそうち》も開発《かいはつ》されてきました。

多《おお》くの人《ひと》が美《うつく》しい自然《しぜん》と接《せっ》することができるようになったのはいいことですが、いっぽうでは開発《かいはつ》によってうしなわれてしまった森《もり》もあります。これでは、ヤマネやほかの生《い》き物《もの》たちはこまります。

また観光地《かんこうち》では、ごみをすてたり、植物《しょくぶつ》をとったりする心《こころ》ない人《ひと》もいます。そして、観光客《かんこうきゃく》ののこした食《た》べ物《もの》をたよりにするようになった動物《どうぶつ》もいれば、観光《かんこう》道路《どうろ》で交通《こうつう》事故《じこ》にあう動物《どうぶつ》もでてきました。

別荘地《べっそうち》では、家《いえ》の中《なか》にはいってくるネズミをたいじするために、毒薬《どくやく》をまいたり、わなをしかける人《ひと》がいます。それによって命《いのち》をおとすヤマネもいます。

ヤマネのすむ森《もり》は、木《き》の実《み》をつけるさまざまな広《こう》葉樹《ようじゅ》が生《は》えていますが、このような木《き》は雑木《ぞうき》といっ

日本《にっぽん》の天然記念物《てんねんきねんぶつ》(ただし野生《やせい》の哺乳類《ほにゅうるい》のみ)

ヤマネは1975年《ねん》，国《くに》の天然記念物《てんねんきねんぶつ》に指定《してい》されました。天然記念物《てんねんきねんぶつ》は，日本固有《にっぽんこゆう》の貴重《きちょう》な動物《どうぶつ》や，その動物《どうぶつ》がすんでいる場所《ばしょ》を，国民《こくみん》の財産《ざいさん》として，法律《ほうりつ》で保護《ほご》しているのです。ヤマネのほかに26件《けん》が指定《してい》されています。

では，天然記念物以外《てんねんきねんぶついがい》の動物《どうぶつ》に価値《かち》がないのかというと，そうではありません。あらゆる動物《どうぶつ》は一定《いってい》の働《はたら》きをして，豊《ゆた》かな自然《しぜん》（国民《こくみん》の財産《ざいさん》）をささえているのですから。

- カモシカ（青森県《あおもりけん》ほか29都府県《とふけん》）㊕
- 笠堀《かさぼり》のカモシカ生息地《せいそくち》　新潟県南蒲原郡下田村《にいがたけんみなみかんばらぐんしただむら》
- 奈良《なら》のシカ　奈良県《ならけん》
- ケラマジカおよびその生息地《せいそくち》　沖縄県島尻郡《おきなわけんしまじりぐん》座間味村《ざまみむら》
- 下北半島《しもきたはんとう》のサルおよびサル生息北限地《せいそくほくげんち》　青森県《あおもりけん》下北郡脇野沢村《しもきたぐんわきのさわむら》・佐井村《さいむら》
- 高崎山《たかさきやま》のサル生息地《せいそくち》　大分県大分市大字神崎《おおいたけんおおいたしおおあざかんざき》
- 箕面山《みのおやま》のサル生息地《せいそくち》　大阪府箕面市箕面《おおさかふみのおしみのお》
- 高宕山《たかごやま》のサル生息地《せいそくち》　千葉県富津市《ちばけんふっつし》・君津市《きみつし》
- 臥牛山《がぎゅうさん》のサル生息地《せいそくち》　岡山県高梁市内山下《おかやまけんたかはししうちさんげ》
- 幸嶋《こうじま》サル生息地《せいそくち》　宮崎県串間市市木《みやざきけんくしましいちき》
- カワウソ（高知県《こうちけん》）㊕
- 向島《むこうじま》タヌキ生息地《せいそくち》　山口県防府市向島《やまぐちけんほうふしむこうじま》
- イリオモテヤマネコ（沖縄県《おきなわけん》）㊕
- ツシマテン（長崎県対馬《ながさきけんつしま》）
- ツシマヤマネコ（長崎県対馬《ながさきけんつしま》）
- アマミノクロウサギ（鹿児島県《かごしまけん》）㊕
- トゲネズミ（鹿児島《かごしま》・沖縄県《おきなわけん》）
- ケナガネズミ（鹿児島《かごしま》・沖縄県《おきなわけん》）
- ヤマネ（本州《ほんしゅう》・四国《しこく》・九州《きゅうしゅう》）
- 岩泉湧窟《いわいずみわっくつ》およびコウモリ　岩手県下閉伊郡岩泉町《いわてけんしもへいぐんいわいずみまち》
- 大吼谷蝙蝠洞《おおごうやこうもりどう》　山口県豊浦郡豊浦町小串《やまぐちけんとようらぐんとようらまちこぐし》
- 西湖蝙蝠穴《さいここうもりあな》およびコウモリ　山梨県南都留郡《やまなしけんみなみつるぐん》足和田村《あしわだむら》
- ダイトウオオコウモリ（沖縄県大東諸島《おきなわけんだいとうしょとう》）
- エラブオオコウモリ（鹿児島県《かごしまけん》）
- オガサワラオオコウモリ（東京都小笠原村《とうきょうとおがさわらむら》）
- スナメリクジラ迴遊海面《かいゆうかいめん》　広島県竹原市高崎町《ひろしまけんたけはらしたかさきちょう》
- ジュゴン（沖縄県《おきなわけん》）

㊕＝特別天然記念物《とくべつてんねんきねんぶつ》　（ ）＝全国的《ぜんこくてき》に動物《どうぶつ》そのものを指定《してい》，地名《ちめい》はおもな生息地《せいそくち》。

⬆別荘《べっそう》のあみ戸《ど》につくられたヤマネの巣《す》。ヤマネは，しばしば家《いえ》の中《なか》にもはいってくることがあります。でも，この森《もり》にいたのは，もともとヤマネのほうが先《さき》なのです。そんなヤマネを，そっとしておきたいものです。

て、林業《りんぎょう》にはあまりむいていません。そこで雑木《ぞうき》をきりはらって、カラマツやスギなどが、どんどん植林《しょくりん》されてきました。でも、このような針葉樹《しんようじゅ》の植林《しょくりん》地《ち》には生《い》き物《もの》がすくなく、ヤマネのような動物《どうぶつ》には、かならずしもすみよい場所《ばしょ》ではありません。

さまざまな生《い》き物《もの》が複雑《ふくざつ》にかかわりあって、はじめてつりあいのとれた豊《ゆた》かな自然《しぜん》です。人間《にんげん》ももともと自然《しぜん》の一員《いちいん》です。人間《にんげん》だけが一方的《いっぽうてき》に自然《しぜん》を変《か》えてしまっていいはずはありません。

あとがき

わたしとヤマネのつきあいは、もう十年《ねん》以上《いじょう》になります。この間《かん》、何《なん》びきものヤマネと出会《であ》うことができました。はじめはみつけるだけでやっとでしたが、時《とき》がたつにつれて、一ぴきずつ区別《くべつ》がつくようになり、顔《かお》のちがい、性格《せいかく》のちがいまではっきりわかるようになりました。まるで人間《にんげん》をみているようです。

そんななかに、いまもわすれられない、一ぴきのヤマネの子《こ》がいます。ふつうヤマネは、わたしを見《み》るとにげるか、かくれようとしますが、このヤマネの子《こ》は、どういうわけかわたしを見《み》ると、一目散《いちもくさん》に近《ちか》づいてくるのです。そして、わたしをじっと見《み》ていて、わたしが動《うご》くとおいかけてもくるのです。

ある日《ひ》のことでした。このヤマネから四十センチメートルほどはなれたところから撮影《さつえい》していたら、懐中電灯《かいちゅうでんとう》の光《ひかり》の中《なか》から、突然《とつぜん》、ヤマネの姿《すがた》がきえてしまったのです。しばらくあたりをみまわしましたが、どこにも姿《すがた》が見《み》えません。撮影《さつえい》をあきらめて、カメラをおろしたときです。なんとカメラのストロボの上《うえ》に、ちょこんとヤマネがいたのです。それはまるで忍者《にんじゃ》のようでした。

それからも、このヤマネと会《あ》うたびに楽《たの》しい時間《じかん》をすごせました。そして、いろいろな自然《しぜん》の節理《せつり》も教《おし》えられました。そうしてできたのが、この本《ほん》です。

この本《ほん》を作《つく》るにあたり、湊秋作先生《みなとしゅうさくせんせい》をはじめ、多《おお》くの方《かた》がたのご協力《きょうりょく》をいただきました。ここに、心《こころ》よりお礼《れい》を申《もう》し上《あ》げます。

西村《にしむら》　豊《ゆたか》

（一九八八年四月）

NDC489

西村　豊

科学のアルバム　動物・鳥19

ヤマネのくらし

あかね書房 2022

54P　23×19cm

科学のアルバム

ヤマネのくらし

一九八八年 四 月初版
二〇〇五年 四 月新装版第 一 刷
二〇二二年一〇月新装版第一一刷

著者　西村　豊

発行者　岡本光晴
発行所　株式会社 あかね書房
〒一〇一－〇〇六五
東京都千代田区西神田三－二－一
電話〇三－三二六三－〇六四一（代表）
http://www.akaneshobo.co.jp
印刷所　株式会社 精興社
写植所　株式会社 田下フォト・タイプ
製本所　株式会社 難波製本

© Y.Nishimura 1988 Printed in Japan

ISBN978-4-251-03398-7
定価は裏表紙に表示してあります。

落丁本・乱丁本はおとりかえいたします。

○表紙写真

・アケビの実《み》を食《た》べにきたヤマネ

○裏表紙写真（上から）

・サルノコシカケの上《うえ》のヤマネ

・チョウセンゴミンを食《た》べるヤマネ

・細《ほそ》い枝《えだ》をつたってのぼるヤマネ

○扉写真

・細《ほそ》い枝《えだ》にぶらさがるヤマネ

○もくじ写真

・コケのむした木《き》の上《うえ》を移動中《いどうちゅう》のヤマネ

科学のアルバム

全国学校図書館協議会選定図書・基本図書
サンケイ児童出版文化賞大賞受賞

虫

モンシロチョウ
アリの世界
カブトムシ
アカトンボの一生
セミの一生
アゲハチョウ
ミツバチのふしぎ
トノサマバッタ
クモのひみつ
カマキリのかんさつ
鳴く虫の世界
カイコ まゆからまゆまで
テントウムシ
クワガタムシ
ホタル 光のひみつ
高山チョウのくらし
昆虫のふしぎ 色と形のひみつ
ギフチョウ
水生昆虫のひみつ

植物

アサガオ たねからたねまで
食虫植物のひみつ
ヒマワリのかんさつ
イネの一生
高山植物の一年
サクラの一年
ヘチマのかんさつ
サボテンのふしぎ
キノコの世界
たねのゆくえ
コケの世界
ジャガイモ
植物は動いている
水草のひみつ
紅葉のふしぎ
ムギの一生
ドングリ
花の色のふしぎ

動物・鳥

カエルのたんじょう
カニのくらし
ツバメのくらし
サンゴ礁の世界
たまごのひみつ
カタツムリ
モリアオガエル
フクロウ
シカのくらし
カラスのくらし
ヘビとトカゲ
キツツキの森
森のキタキツネ
サケのたんじょう
コウモリ
ハヤブサの四季
カメのくらし
メダカのくらし
ヤマネのくらし
ヤドカリ

天文・地学

月をみよう
雲と天気
星の一生
きょうりゅう
太陽のふしぎ
星座をさがそう
惑星をみよう
しょうにゅうどう探検
雪の一生
火山は生きている
水 めぐる水のひみつ
塩 海からきた宝石
氷の世界
鉱物 地底からのたより
砂漠の世界
流れ星・隕石